呆奇·地球生物大救援（第一季）

奇妙的昆虫

qí miào de kūn chóng

余庆军 陈爱玲 李雪松 著

东北大学出版社
·沈阳·

ⓒ 余庆军　陈爱玲　李雪松　2018

图书在版编目（CIP）数据

　　呆奇地球生物大救援. 第一季. 奇妙的昆虫 / 余庆
军，陈爱玲，李雪松著. — 沈阳：东北大学出版社，
2018.12
　　ISBN　978-7-5517-2097-7

　　Ⅰ. ①呆…　Ⅱ. ①余…　②陈…　③李…　Ⅲ. ①昆虫－
儿童读物　Ⅳ. ①Q-49

　　中国版本图书馆 CIP 数据核字（2018）第 303285 号

出 版 者：东北大学出版社
　　　　　　地址：沈阳市和平区文化路三号巷 11 号
　　　　　　邮编：110819
　　　　　　电话：024-83683655（总编室）83687331（营销部）
　　　　　　传真：024-83687332（总编室）83680180（营销部）
　　　　　　网址：http://www.neupress.com
　　　　　　E-mail: neuph@neupress.com
印 刷 者：辽宁一诺广告印务有限公司
发 行 者：东北大学出版社
幅面尺寸：190mm×210mm
印　　张：1.5
字　　数：45 千字
出版时间：2019 年 2 月第 1 版
印刷时间：2019 年 2 月第 1 次印刷
策划编辑：汪子珺　石玉玲
责任编辑：潘佳宁　　　　　　　　　　　　责任校对：刘　泉
封面设计：孙晓雨　　　　　　　　　　　　责任出版：唐敏志

ISBN　978-7-5517-2097-7　　　　　　　　　　定　价：14.80 元

　　呆奇和咔蒂、泰哥、马四都是一所小学的学生。一天早晨，他们高高兴兴地去上学，结果发现平时地球上那些美丽的植物、可爱的鸟儿、奇妙的昆虫、神奇的鱼都不见了，小伙伴们感到非常着急。

　　就在这时，在他们面前出现了一名来自火星的外星人——威格瑞，威格瑞告诉呆奇和他的小伙伴们，地球上的小朋友根本不了解这些生物，也就没有权利拥有它们。所以威格瑞把这些生物全部装到他的飞船上面，并且要把这些生物全部运到火星。

　　呆奇和他的小伙伴们为了救回这些生物，与威格瑞达成协议。他们需要正确地认出每样生物，并且说出它的特点，才可以把它救回地球。

　　小朋友们，赶快与呆奇和他的小伙伴们一起展开一段充满冒险、趣味和挑战的地球生物大救援之旅吧！

蝎子

xiē zi

我们认输好不好？让威格瑞把蝎子带到火星吧！

为什么？

蝎子的尾巴尖尖的，我有点怕！

可是蝎子也是有大作用的呀。

蝎子有着瘦长、弯曲的段状身体和带有毒刺的尾巴。蝎子常常被用来入药，对风湿类疾病有较好的治疗效果。

捕鸟蛛

捕鸟蛛是自然界中最巧妙的猎手之一。它可以在树枝间编织具有很强黏性的网，一旦有捕食对象误入网中，必定成为它的口中之食。

蝴蝶

hú dié

月神闪蝶

我们如果逃走，威格瑞就会把地球上所有的昆虫带到火星去了。

可是昆虫那么可怕……

除了可怕的蝎子和捕鸟蛛，还有美丽的蝴蝶呀！

我好害怕昆虫。

红带粉蝶

我最喜欢美丽的蝴蝶。

我也喜欢蝴蝶，我要把它们都带走。

蝶，通称为"蝴蝶"，全世界有14000多种。蝴蝶是大自然中一种很美丽的昆虫，它美在自然、美在和谐，所以被称为"大自然的精灵"。

象鼻虫

xiàng bí chóng

大象是什么东西？

这只小虫子头上的触须好像大象鼻子哦。

真的好像啊。

我们就把它叫作象鼻虫吧。

象鼻虫的口吻很长，就像大象的鼻子一样，但千万不要把长形的口吻当成象鼻虫的鼻子，它可是象鼻虫用来觅食的口器。

这肯定不是蝴蝶。

这只蝴蝶样子好怪呀!

它当然不是蝴蝶,它是天蛾呀!

原来马四说的是"飞蛾"的"蛾"呀!

天蛾的飞翔力强,是世界上振翅最快的昆虫,在1秒钟之内,它的翅膀就可以振动1000多下。

七星瓢虫

哇，花大姐！

这是胖小儿！

看，金龟子！

哈哈，你们说得都不对。

可恶！它的学名你们也知道？

难道一定要说"七星瓢虫"才算对吗？

AR
动画识别

08

七星瓢虫背部有7个黑色斑点，是其主要特征。七星瓢虫捕食多种对林木、农作物有害的昆虫。因此，被人们称为"活农药"。七星瓢虫有很多名字，包括金龟子、新媳妇、花大姐和胖小儿等。

蜈蚣
wú gōng

蜈蚣又叫作百足虫、百脚虫、天龙，是一种有毒腺的掠食性节肢动物。

叶子虫

叶子虫的身体一般是绿色或褐色，这种颜色与它们生活环境中的植物叶片的颜色相似，因而不易被天敌动物发现。

螳螂

táng láng

AR
动画识别

螳螂也叫作刀螂，是无脊椎动物，属肉食性昆虫。螳螂一般能活6~8个月。它的生命力很顽强，就算没有头，也可以活10天左右。在古希腊，人们把螳螂视为先知。因为它前臂举起的样子像是在做祷告，所以，又把它们叫作祷告虫。

萤火虫

每到夜晚，萤火虫在半空中翩翩起舞、闪闪发光，多好看呀！

那么，是不是无论是雌性还是雄性的萤火虫都有翅膀呢？

当然都有翅膀啦！没有翅膀的萤火虫怎么飞呢？

雌性的萤火虫虽然不能飞翔，但萤火竟然比雄虫还要亮！

咔蒂，雌性的萤火虫没有翅膀呦。

萤火虫是一种小型甲虫，因为尾部能发光，所以，叫作萤火虫，它还有很多名字，例如夜光、景天、如熠耀、夜照、流萤、宵烛、耀夜等。

杀人蜂，是由非洲普通蜜蜂跟丛林里的野蜂交配发育繁殖出来的新品种。杀人蜂可以分泌一种叫作蜂毒肽的毒素，这种毒素可以对人或者动物的心脏和肾脏造成严重损害。

蜻蜓

qīng tíng

蜻蜓是我们的好伙伴。

蜻蜓是害虫还是益虫呢?

蜻蜓是益虫,它们除了能大量捕食蚊、蝇,还能捕食蝶、蛾等昆虫呢。

AR
动画识别

蜻蜓是世界上眼睛最多的昆虫。蜻蜓的眼睛又大又鼓,占据着头的绝大部分。它有有三个单眼,复眼由多只小眼组成。

蜻蜓的卵和幼虫

蜻蜓是益虫，它可以大量捕食蚊子、苍蝇等害虫。蜻蜓的卵是在水里孵化的，幼虫也生活在水里。蜻蜓多数是在飞翔时用尾部碰水面，把卵排出。我们常见的所谓"蜻蜓点水"，就是它产卵时的表演。

蚱蜢
zhà měng

蚱蜢繁殖能力强，是危害农作物的主要害虫。蚱蜢身体一般呈绿色或黄褐色，以此来模仿自然界的树叶和树枝的颜色，目的是为了躲避天敌。

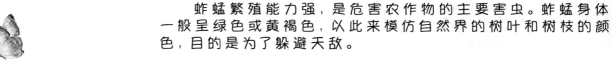

呆奇，你们不要吵，好烦人呐！

不是我们在吵，是苍蝇在嗡嗡叫！

地球上为什么会有这么可恶的昆虫？

我们注意保持良好的卫生习惯，就可以远离苍蝇哦。

苍蝇以腐败有机物为食，因此常见于卫生较差的环境。有很多疾病都与苍蝇传播直接相关，例如霍乱、痢疾的流行和细菌性食物中毒等。

蚊子

wén zi

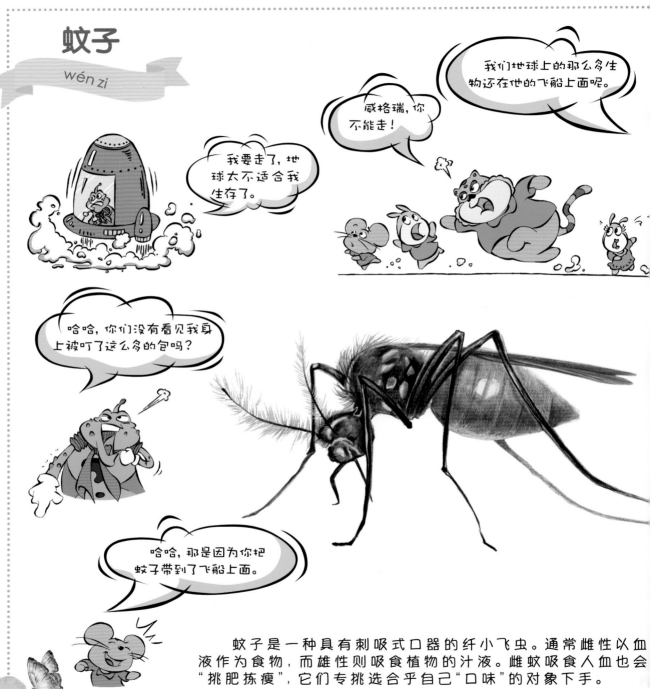

我们地球上的那么多生物还在他的飞船上面呢。

威格瑞，你不能走！

我要走了，地球太不适合我生存了。

哈哈，你们没有看见我身上被叮了这么多的包吗？

哈哈，那是因为你把蚊子带到了飞船上面。

蚊子是一种具有刺吸式口器的纤小飞虫。通常雌性以血液作为食物，而雄性则吸食植物的汁液。雌蚊吸食人血也会"挑肥拣瘦"，它们专挑选合乎自己"口味"的对象下手。

屎壳郎
shǐ ke láng

屎壳郎又叫作蜣螂，大多数屎壳郎以动物粪便为食，有"自然界清道夫"的称号。

花金龟

huā jīn guī

嘻嘻，快看呀，它长了一对鹿角。

快告诉我，这是什么？

你难不倒我们，它叫作"花金龟"。

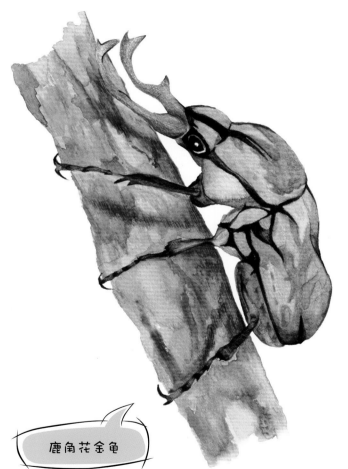

鹿角花金龟

花金龟又叫作实金龟，它们在全世界都有分布，色彩鲜艳的种类则大多分布于热带。花金龟的幼虫吃腐烂的植物、粪便和木材。成虫多数吃植物的汁液、花粉和果实，是害虫。

23

卷象

它为了保护小宝宝，用叶子把宝宝卷起来了。

这只小甲虫在做什么呀？

那么，我们把它叫作"卷叶虫"吧。

那可不行！卷象就是卷象，不可以乱取名字！

AR 动画识别

卷象因雌虫将新产的卵卷在叶子里面加以保护而得名。卷象的嘴非常有力，常用来裁切叶片。

24

蟑螂是地球上最古老的昆虫之一，曾与恐龙生活在同一时代。蟑螂的繁殖能力非常强，并且它能传播很多疾病，是害虫。

柑橘大实蝇

gān jú dà shí yíng

柑橘里面腐烂了，可恶的柑橘大实蝇。

我也好想吃呀！

我累了，要吃一只柑橘。

好吧！我不吃了。你们快告诉我这可恨的家伙叫什么？

威格瑞，你已经说过啦，它就叫作柑橘大实蝇呀。

柑橘大实蝇通过尾部的排卵器把虫卵"注射"到植物的果实当中进行孵化。被它们危害的果实会严重腐烂。

蜉蝣的寿命极短，一般只能存活数小时，最多也只能活七天。所以，有"朝生暮死"的说法。蜉蝣是最原始的有翅昆虫。

27

蚂蚁

mǎ yǐ

哦,一只可爱的小蚂蚁。

蚂蚁可不是什么小可爱,它是名副其实的大力士。

我泰哥才是大力士!

你能举起超过体重100倍的东西吗?

蚂蚁是地球上最常见的、数量最多的一类昆虫。它们群聚生活,是典型的社会性群体。

蚂蚁的寿命很长，个别蚂蚁的寿命长得惊人，有的工蚁可活7年，蚁后寿命可长达20年。但一只离群的蚂蚁只能活几天。

螽斯

zhōng sī

螽斯在我国北方称它为蝈蝈。 多数为大型灰色或绿色昆虫。

30

蟊斯可以模拟成枯叶、树皮或青苔，当捕食者接近时，它通过一动不动来躲避捕食者。

31

蝽

chūn

蝽有臭腺孔，能分泌臭液，在空气中挥发成臭气，所以又有放屁虫、臭板虫、臭大姐等俗名。大部分的蝽刺吸植物茎叶或果实的液汁，是主要的园艺害虫。

请在白色图形区域内填涂你心中的理想颜色， 然后打开"奇趣乐园"软件内的
相应程序， 把摄影镜头对准这张图画， 就可以看到神奇的动画效果了。